Le roman complet **1 Fr.**

…ÈRE MALGRÉ ELLE

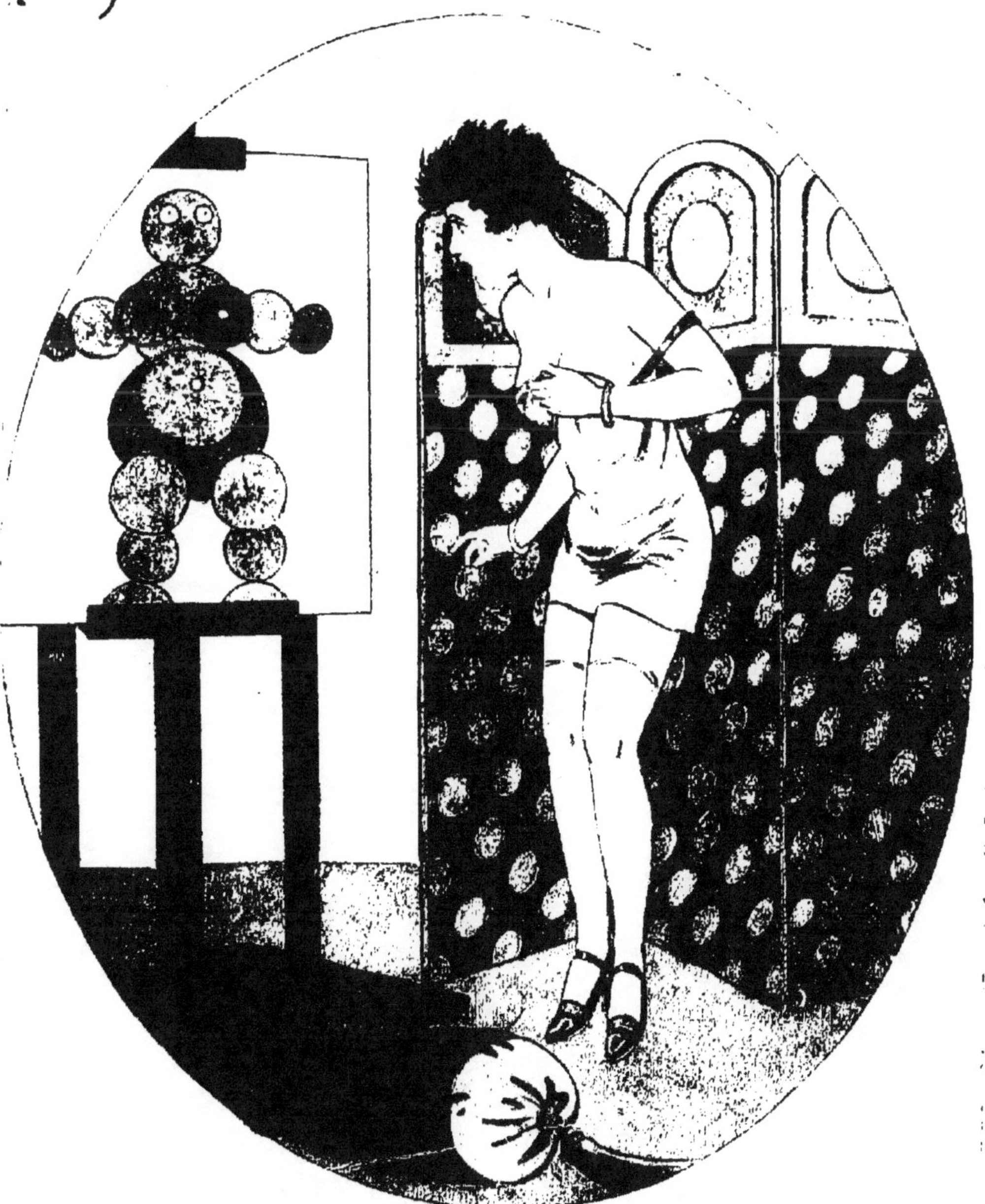

Collection Gauloise

67, rue Servan, 67
:: PARIS (XIe) ::

GEORGES ISTA

I

Sortant d'une longue rêverie, Zouzoune murmura :

— Non, c'est pas possible que je garde ça plus longtemps !... Je paraîtrais vraiment trop ridicule !

Il ne s'agissait pas, comme on pourrait le croire, d'un chapeau de l'année dernière, ou d'une robe d'il y a deux ans. Zouzoune songeait à un article bien plus vieux que ça, puisque âgée de déjà dix-sept années.

Zouzoune songeait à sa vertu.

Il est de fait que la situation de la pauvre petite commençait à devenir paradoxale, donc fâcheuse et répréhensible. Car la morale, ne l'oublions pas, n'est rien d'autre que l'obligation de conformer sa conduite aux règles, aux habitudes, aux coutumes qui régissent les mœurs du milieu où l'on évolue. Dans le temps et dans l'espace, il y a eu, il y aura des milliers de morales fort différentes. Ce qui fut jadis un crime n'est plus aujourd'hui qu'une faute vénielle, et sera peut-être, dans cent ans, un geste fort glorieux. Tel acte répréhensible chez nous, paraît en Chine tout naturel, voire louable. Et si le fait de garder sa vertu jusqu'à dix-sept ans fut admiré dans l'ancienne Rome — pour son extrême rareté à vrai dire, — s'il est encore tenu pour estimable, —

peut-être, — à Quimper-Corentin ou à La Roche-sur-Yon, il est on ne peut plus certain que c'est là une attitude fort risible, extravagante, anormale, inexplicable, attentatoire a coutume générale, quand on est née et qu'on fut toujours domiciliée dans le XXe arrondissement parisien.

Et voilà pourquoi Zouzoune, petite nature très fine, douée d'un sens aigu de la réalité, se sentait en passe de devenir une espèce de phénomène ridicule et grotesque, seule à posséder ce que les autres n'ont pas, comme le veau à cinq pattes, ou le canard à deux becs, dont un sous le croupion.

Donc, il était urgent, normal et convenable que Zouzoune perdît au plus tôt sa vertu, pour ne pas se faire remarquer.

Les occasions ne lui avaient pas manqué, vous pensez bien. D'autant plus qu'elle possédait une petite gueugueule fraîche et rose, gentille comme tout, et laissait voir déjà, par devant, par derrière, sans déplorable excès comme sans piteuse insuffisance, tout ce qu'il faut de fermes et soyeuses rondeurs pour occuper agréablement les deux mains d'un brave homme, et même bien autre chose encore.

Ajoutez à cela que si Zouzoune n'avait jamais connu son père, elle avait, en revanche, donné le nom de papa à un assez grand nombre de messieurs, qui, successivement, étaient venus partager la couche de sa mère, celui-ci durant trois mois, celui-là durant trois semaines, cet autre pendant trois jours, selon les faciles et aventureux hasards du mariage à la gomme arabique. Or, tous les sociologues sont là pour vous dire que les mœurs, qu'il s'agisse des peuples ou des individus, ne sont que le résultat, inévitable et constant, de l'instinct d'imitation qui élève l'homme et le singe au-dessus des autres animaux. Langage, religion, nourriture, façon de s'habiller, manières de penser, de faire bien autre chose encore, tout cela se transmet de père en fils, de mère en fille, sans examen critique, automatiquement, les modifications qu'on nomme le progrès ne se produisant que peu à peu, par le détail bien plus que par l'ensemble. Il en est de même pour les rapports des sexes, puisque les peuples sont polygames ou monogames, non par préférence et libre choix, mais par tradition, au hasard de la naissance.

Et c'est pourquoi Zouzoune ne pouvait considérer la vertu

que comme une chose importune, gênante, ridicule, puisque telle était l'opinion de son entourage, en général, et en particulier de madame sa mère, Sophie Bourbeux, née Verduron.

Car ladite maman avait fini par convoler en légitime mariage, tout de même, alors que sa fille était âgée de quinze ans à peine. A vrai dire, elle n'y tenait nullement, et ne l'avait pas fait exprès. Au cours de ses nombreux collages, aussi aisément rompus que formés, pour les plus minces raisons, Sophie avait trouvé dans son lit, un matin, sans trop savoir comment il y était venu, un être du sexe mâle qui déclara se nommer Casimir Bourbeux, et exercer la profession de peintre en bâtiments, particularité dont jamais, par la suite, il ne fournit du reste la moindre preuve.

Tout de go, le quidam proposa de se prendre à l'essai, pour trois mois. Bien qu'un peu effrayée par la perspective de coucher si longtemps avec le même monsieur, ce qui ne s'était produit que trois ou quatre fois en sa vie, Sophie accepta pourtant. C'est du reste à cela, accepter ce que voulaient les autres, que se bornait toujours son rôle de bonne fille, aussi totalement dénuée de volonté que d'intelligence. Elle subit donc Casimir, comme elle avait subi tant d'autres compagnons, parce que les choses s'étaient arrangées comme cela et pas autrement, sans tenter le moindre effort pour réagir, encore bien moins pour réfléchir, pour se demander si la situation était favorable, ou défavorable, à son point de vue personnel.

Cependant, Casimir observait, réfléchissait. Il constata que Sophie répondait en tous points à ce signalement formulé par les Arabes, gaillards habitués à tirer de leurs compagnes le maximum de rendement : « Anesse le jour, femelle la nuit. » Qu'elle fût au pieu ou au turbin, l'infatigable Sophie était toujours en mouvement. De là, double profit pour le compagnon de son existence, lequel, sans être tenu de pourvoir à rien, ne se heurtait jamais à des refus désagréables, soit, à l'heure du plaisir, soit à celle des repas. Casimir prenait donc tout son saoul de volupté, et à l'œil, circonstance fort appréciable, surtout quand on n'est pas très joli garçon. Bien qu'il rentrât toujours les poches soigneusement vides, puisque, quand il possédait de l'argent, il le cachait dans ses bottines. Sophie, trois fois par jour, s'arrangeait pour lui servir quelque nourriture. C'était gras ou maigre, plantureux ou succinct, indigeste ou léger, au hasard de la changeante fortune quotidienne, sans le moindre souci d'hygiène ou de régime. Du moins, Casimir ne se mettait jamais la ceinture, fait digne d'être pris en considération par un gaillard qui avait autrefois, plus souvent qu'à son tour, usé de ce piteux subterfuge pour remplacer d'introuvables ortolans.

Joignez à cela que se tuant à faire des ménages, de l'aube à la nuit tombée, Sophie ne commettait jamais l'indélicatesse de demander à son maître et seigneur ce qu'il faisait de ses journées. Question superflue, du reste, nul n'ignorant dans le quartier, qu'il les passait tout entières au petit bar du coin, à jouer au zanzi, aux dominos ou au jacquet.

En outre, si elle excellait à dissimuler, avec l'adresse que donne une longue habitude, l'argent indispensable pour faire marcher le ménage, la douce créature, en ses heures d'opulence, laissait assez facilement traîner des pièces de vingt et de quarante sous, sans trop s'étonner ensuite de leur mystérieuse et immanquable disparition.

Enfin, bien que Casimir lui cachât, avec le plus grand soin, les combines équivoques et les louches pratiques d'où il tirait l'argent de ses menus plaisirs, Sophie n'avait jamais le mauvais goût de demander par quel prodige il pouvait rentrer ivre quatre ou cinq fois par semaine, bien qu'affirmant n'avoir jamais un sou à dépenser. Cela tient peut-être à ce que Casimir, quand il était très ivre, était toujours très amoureux, raison qu'apprécient, mieux que personne, les femmes qui commencent, comme Sophie, à s'amocher d'irrémédiable façon.

Les trois mois d'essai s'écoulèrent sans que Casimir eût travaillé un seul jour, sans qu'il eût jamais subi le moindre reproche acrimonieux. C'est pourquoi, un dimanche matin qu'on s'attardait au plumard, il décréta soudain :

— Maintenant, ma bibiche, on va se marier pour de bon.

— Pour quoi faire ? demanda Sophie tout éberluée.

— Pour faire ça ! répondit Casimir.

Et il se mit à lui démontrer, expérimentalement, ce que font ensemble les messieurs et les dames unis par les liens sacrés du mariage légitime.

Sophie se prêta fort volontiers à la démonstration. Elle

n'avait jamais refusé ça à personne. Mais, quand il eut fini, elle dit avec un bon gros rire :

— Que t'es donc bête !... Y a pas besoin d'être mariés, pour faire ça !... Recommence, mon petit homme, au lieu de me parler mariage... Vaut mieux travailler à des choses sérieuses que de dire des bêtises.

Casimir recommença aussitôt, car il tenait, dans les circonstances actuelles, à prouver sa vigueur de mâle qu'on ne remplace pas aisément. Mais, ayant chanté son second couplet avec une incontestable virtuosité, il reprit :

— J'te dis, ma poupoule, que ça ne peut pas durer comme ça !

— Mais si, je veux bien que ça dure encore ! affirma l'insatiable Sophie.

— J'te cause pas sur la bagatelle, pontifia Casimir... J'te cause sur les qualités purificatives du mariage, pour la pudicité de notre honneur et notre respectabilité.

Car il raffolait des mots très encombrants et très solennels, comme la plupart de ceux qui en méconnaissent volontiers le sens véritable et l'exacte prononciation.

Puis, tout en se promenant parmi la chambre, il tint à Sophie estomaquée, sur l'honorabilité du conjungo, sur la vile et dégradante abjection du concubinage, un immense et magnifique discours, un peu tardif peut-être, mais empreint de la plus austère moralité, rehaussée encore par le piquant contraste que formait son accoutrement, composé, en tout et pour tout, d'une paire de savates et d'un gilet de flanelle rouge descendant à peine jusqu'au nombril.

Sophie n'y comprit pas grand chose, étant trop occupée à penser qu'une troisième démonstration pratique lui eût fait plus grand bien que tout ce charabia. Mais Casimir eut l'habileté suprême de placer cette troisième démonstration, comme un argument irrésistible à la péroraison de son discours. Se figurant peut-être que ça se passait tous les jours comme ça, quand on était marié pour de bon, l'heureuse Sophie vagit, encore toute pantelante :

— T'es un vrai namour, mon p'tit homme !... Pour la farce que tu dis, ça s'ra comme que tu voudras.

C'est ainsi qu'elle devint Mme Bourbeux, et se trouva légitimement en règle avec les lois de la plus pointilleuse morale.

En épousant Sophie, Casimir avait son plan. Il en avait même deux. Pour le présent et le proche avenir, le travail et le repos de cette toujours laborieuse épouse l'assuraient, sans tracas, sans débours, contre les exigences de l'estomac et de certaines parties avoisinantes. Pour l'avenir plus lointain, quand Sophie serait usée, tuée par le travail, il avait remarqué que la petite Zouzoune, alors âgée de quinze ans, promettait de devenir avant peu bougrement jolie, donc négociable au prix fort, si un homme intelligent ne lui permettait pas de donner à quelque purotin ce qui pouvait se vendre très cher.

C'est pourquoi Casimir veillait, avec une pudibonderie insolite et ostentatoire, sur la précieuse vertu de Zouzoune. Il filait sournoisement la fillette, par les rues, lui tombant soudain sur le poil, la main pleine de calottes, si quelque godelureau faisait mine de s'approcher d'elle. Sortant du lit conjugal, dont le sommier asthmatique et bruyant venait de révéler à Zouzoune, couchée dans la soupente voisine, que maman avait aujourd'hui ce qu'il lui fallait, il adressait à la petite d'interminables et ennuyeux sermons, pour lui vanter les charmes ineffables de la continence et de la pureté. Avec des trémolos dans la voix, il la suppliait de ne pas déshonorer, par son inconduite, sa pauvre mère et son malheureux père adoptif. Puis, tandis que les deux femmes se rendaient à leur dure et fastidieuse besogne, il allait transformer en liquides variés, au petit bar du coin, quelques francs chapardés cette nuit dans la poche de Sophie.

En tout cela, du reste, Casimir Bourbeux s'avérait psychologue de bien piètre envergure. Il ignorait, cet imbécile, qu'il n'est pas de plus puissant aphrodisiaque, de pire excitant à l'amour que la défense d'aimer. Si Zouzoune n'avait pas glissé encore sur la pente du tempérament, savonnée par l'exemple de l'entourage, c'est que son désir précieux, raffiné, passait toujours par-dessus les têtes triviales d'amoureux trop communs, trop vulgaires à son gré. Du moment où elle sentit que Casimir prétendait, intolérable tyrannie, l'empêcher de faire comme tout le monde, les prétentions de la petite, sans qu'elle s'en rendît bien compte, s'abaissèrent de plusieurs crans.

Enfin, un jour que Sosthène Flambard, le coiffeur pour

dames, la poursuivait de ses assiduités, et qu'elle lui répondait en rigolant, selon son habitude : « Ah non, mon petit, t'es bien trop moche ! » Casimir lui tomba soudain sur le dos, et, à grands coups de pied un peu plus bas, la reconduisit au domicile maternel, comme si elle avait commis une faute épouvantable. Le soir même, accroupie au-dessus d'un fragment de miroir posé sur le carreau, la pauvrette faisait cette double découverte :

— Trois bleus sur le derrière à cause de Sosthène Flambard... Après tout, il n'est peut-être pas si moche que ça, ce jeune homme.

Et voilà pourquoi Zouzoune murmurait, sortant d'une longue rêverie :

— Non, c'est pas possible que je garde ça plus longtemps !

Puis elle ajouta, joyeuse, décidée :

— Chiche !... Adjugé !... Ce soir, on la donne à Sosthène, la vertu de Zouzoune !

II

Zouzoune avait soigné ses dessous et mis sa seule culotte présentable, vous pensez bien, pour aller au rendez-vous assigné par elle à Sosthène Flambard.

C'était au boulevard Mortier, que longent, désuètes, ces pauvres vieilles fortifications vouées à disparaître, puisqu'elles ne peuvent plus servir qu'à défendre le XXe arrondissement contre une improbable agression des habitants de Bagnolet.

Mais ce n'est pas à ce genre d'effusion de sang que songeait la petite Zouzoune, marchant vers le sacrifice de la vertu. Naguère, à l'atelier, elle avait reçu les confidences d'une amie qui venait de faire le saut. (Métaphore très juste, après tout, pour dépeindre une aventure où l'essentiel est d'écarter les jambes.) Avec des mines pâmées, des roulements d'yeux extasiés, l'amie avait conté le délicieux émoi des premières caresses, timides d'abord, puis de plus en plus audacieuses, contre lesquelles on se défend avec énergie par en haut, pour mieux laisser aux mains assaillantes la liberté d'attaquer par en bas. Dans le récit de la nouvelle recrue d'Eros, ce pelotage exquis, bon travail de bon ouvrier, gradué avec adresse et science, avait duré longtemps, très longtemps, jusqu'à la rendre presque folle d'énervement, d'excitation, de plaisir inédit, insoupçonné. « Dame ! la première fois, avouait-elle, le commencement est meilleur que la fin ! » Et Zouzoune, l'âme en fête, allait à petits pas pressés, le long du boulevard, dans la nuit lourde et terne, vers cette joie exquise, attendue, escomptée, des longues caresses préliminaires. Sans préjudice de ce qui viendrait après, bien entendu.

Jaillissant de l'ombre, à côté d'elle, une voix grasse proféra :

— Dans l'enceinte sacrée en ce moment s'avance, un jeune homme, un héros, semblable aux immortels... Voltaire !... T'aboules tout d'même la môme... Sans fard, y'a pas loin d'une demi-plombe que j'croque eul' marmot !

A ce langage, où s'alliaient de si pittoresque façon le style le plus noble et les termes les plus familiers, Zouzoune reconnut son futur vainqueur. Car Sosthène Flambard, féru de poésie classique, émaillait ses propos, avec une inlassable constance, de citations apprises par cœur en des volumes dépareillés de la boîte à cinq sous, et adaptées à son sujet tant bien que mal, souvent beaucoup plus mal que bien. Loyalement, pour qu'on ne le crût pas l'auteur de cette phrase, par exemple : « Le jour n'est plus pur que le fond de mon cœur ! », il faisait suivre chaque citation du nom du poète responsable, lancé tout de go, sans explication complémentaire, comme ceci : « Amour, tu perdis Troie !... La Fontaine ! » Mais sa vive estime pour un langage noble et châtié ne se manifestait pas plus avant, et le surplus de ses discours n'était remarquable que par une extrême abondance de termes argotiques, qu'aggravait l'accentuation canaille d'une grasse prononciation faubourienne.

— Si je suis un brin en retard, c'est que j'ai voulu me faire belle, afin de te plaire, répondit gentiment Zouzoune.

Et déjà elle tendait le bec, pour une première dégustation des baisers savants, inconnus, ensorceleurs, décrits par son ami. Mais Sosthène, les sourcils froncés, ne songeait, chose bien plus importante, selon lui, qu'à se souvenir d'une belle phrase bien ronflante, exprimant sa pensée, ou à peu près.

Trouvant enfin, vaille que vaille, il déclama, de sa voix grasse et solennelle :

Zouzoune avait soigné ses dessous (page 7).

— ...Mes vaisseaux vous attendent — Et du pied de l'autel vous y pouvez monter — Souveraine des mers qui vous doivent porter... Racine !... Carapatons d'ici, la môme...

Y' a trop d'flicaille et d'becs de gaz, pour qu'on ose s'sucer la pomme... Les talus des fortifs, c'est pas fait pour les clebs, p't'être bien !

Docile, la petite se suspendit à son bras, et ils s'en furent, l'allure faussement tranquille, à la recherche du petit coin bien noir, bien désert, où il arriverait ce qui devait arriver.

Mais Zouzoune, si elle marchait fort résolument au sacrifice, ne tarda pas à sentir une légère désillusion, déjà sourdre, peu à peu dans son petit cœur. Le boulevard n'était pas si bien éclairé que ça, après tout, et elle estimait, avec un grand bon sens, que Sosthène eût pu, histoire de gagner du temps, se livrer illico à ces premiers travaux d'approche qu'elle attendait avec tant d'impatience. Il ne se fût rien cassé, tout au moins, à lui dire des choses aimables et gentilles. Mais le gars marchait à côté d'elle, taciturne, sage, trop sage, les mains déplorablement enfouies en ses poches, l'âme prise tout entière, sans doute, par de laborieuses recherches dans son répertoire de citations. Il grasseya, tout à coup :

— Dieux ! Que ne suis-je assis à l'ombre des forêts !... Racine !... Pour sûr, nom de Dieu ! qu'ça s'rait plus bath, si qu'on s'rait à Meudon ou à Montmeurency !

Et il retomba dans son mutisme, les mains, hélas ! plus inactives que jamais.

— C'est pourtant pas pour écouter dire des vers, qu'on m'a collé deux gentils petits nichons ! songeait Zouzoune désappointée.

Le petit coin noir et désert se faisait désirer. La voix de Sosthène scanda, maussade :

— Ainsi, toujours poussés vers de nouveaux rivages, — Dans la nuit éternelle emportés sans retour, — Ne pourrons-nous jamais sur l'océan des âges — Jeter l'ancre un seul jour ?... Lamartine !... J'en ai marre, moi, d'ce fourbi-là... Va-t-on l' dégoter, oui-z-ou non, eul'petit coin où qu'on pourra j'ter l'ancre ?

— Comme tu causes bien mon chéri ! gazouilla Zouzoune, sans penser un mot de ce qu'elle disait, mais faisant un louable effort pour se montrer gentille, et peut-être pour allumer quelque peu ce grand flandrin.

La voix grasse de Sosthène répondit :

— Je suis jeune, il est vrai ; mais aux âmes bien nées —

la valeur n'attend pas le nombre des années... Corneille !...- Pour jaspiner avec âme et poésie, ma crotte, tu peux l'dire, que j'suis à la r'dresse, et qu'y a pas un mec à m'faire la pige dans tout Ménilmuche !

— Pour sûr, alors ! acquiesça sans le moindre enthousiasme cette petite menteuse de Zouzoune.

Et ils reprirent leur funèbre déambulation de pauvres bougres affairés, inquiets, qui cherchent dans Paris l'improbable aubaine d'un logement à louer sans pas de porte.

Le fossé des fortifications béait auprès d'eux. Sosthène grogna :

— Prêtez-moi seulement, vallon de mon enfance — Un asile d'un jour... Lamartine !... Vise-le, c'tte vache eud'vallon, pour voir s'il est foutu d'nous donner asile !

Un recoin de talus fut découvert enfin, noir à souhait, sans doute, mais occupé par un vieux chemineau accroupi, et qui suçait avec volupté une arête décharnée de hareng saur. Au passage des amoureux, cet homme de bien graillonna :

— Hé, Paul et Virginie !... Si vous avez b'soin d'la carrée, j'vas avoir fini d' dîner ... C'est l'dernier service, et j'prendrai pas d'dessert ni d'café aujourd'hui.

— Nous entrerons dans la carrière — Quand nos aînés n'y seront plus... Rouget de l'Isle ! répondit noblement Sosthène... Tu vas pas t'grouiller, vieil emplâtre !

Le vieux, depuis longtemps docile à toutes les injonctions formulées d'une voix impérative, s'en fut en mâchouillant quelques vagues injures. Et les amoureux prirent possession du coin d'ombre si longtemps cherché, modeste paradis embaumé, pour tout encens, par les puissantes émanations que distillait la charogne ballonnée d'un chat crevé.

— Enfin, je vais savoir comment ça se passe, songea Zouzoune, un peu émue tout de même.

Un bras impérieux ceignit sa taille. Une main rude malaxa ses jolis petits nénés, brutale comme la poigne d'une vieille concierge qui presse sa poire en caoutchouc, pour répondre à l'appel fatidique : « Cordon siouplaît ! » Esquissant un faible et vague simulacre de défense, Zouzoune murmura :

— C'est à moi, ces trucs-là, mon chéri, c'est pas du faux.

— Rien n'est beau que le vrai, le vrai seul est aimable... Boileau ! répondit sentencieusement Sosthène... Penses-tu qu'j'serais à la hauteur pour faire coin-coin, si qu'j'aurais ma citron quinze chevaux !

Et ses doigts bourrus, désagréables, se plantaient plus rudement encore dans les pauvres petits nichons de Zouzoune de plus en plus désappointée, et trouvant qu'il y avait une bien triste différence entre ce brutal laminage et les extases décrites par son amie. Mais Sosthène gronda, tout à coup :

— Ma fille, il faut céder, votre heure est arrivée !... Racine !... Gueule pas, la môme... A c'tte heure, on va jouer à papa-maman !

Les mollets enveloppés par un traîtreux croc-en-jambes, Zouzoune se sentit brutalement culbutée sur des gravats pointus et agressifs. Une lourde masse s'abattit sur elle, écrasante, lui coupant le souffle, et des mains hargneuses farfouillèrent sauvagement sous sa robe, tiraillant, arrachant, déchirant les pauvres petites lingeries enfilées avec tant de joie, si difficiles à remplacer.

Sous l'agression violente, presque haineuse, si différente des tendres caresses escomptées, Zouzoune eut un instinctif sursaut de dégoût, de révolte. Serrant des cuisses convulsives sur son petit trésor encor intact, elle planta dix ongles acérés, de toutes ses forces, dans la face soudain haïe qui se penchait goulûment vers la sienne. Puis, profitant du mouvement de retraite qui rejetait Sosthène en arrière, dans un grognement de douleur et de stupéfaction, la petite glissa, sous le corps soulevé pour un instant, plus preste qu'une couleuvre sous la semelle qui s'abat pour l'écraser. Et elle fut debout, brandissant un lourd silex, menaçante à son tour.

— Goujat ! haleta sa petite voix furibonde.

— Mieux vaut goujat debout qu'empereur enterré... La Fontaine ! riposta l'inépuisable citateur, du reste encore vautré sur le ventre, et fort décontenancé... N'en v'là des magnes !... Pourquoi qu'tu m'as dérangé, bougre d'gourde, si c'est pas pour faire la bête à deux dos !

Mais, sans daigner répondre, Zouzoune filait déjà, vive et légère. Elle entendit encore la voix grasse du brutal amoureux qui geignait derrière elle :

— De quoi m'ont profité mes inutiles soins ?... Racine !...

A m'a mis la gueule en compote, la garce, pour peau de balle et balai de crin !

Zouzoune filait toujours, furieuse, dépitée, marmonnant d'une voix qu'enflait l'âpre rancune :

— Je veux bien y passer... Je suis toute prête... Mais avec quelqu'un qui soit plus gentil que ça... Pourvu que ce voyou n'ait pas trop déchiré mes nippes... Comment veut-on que j'aille l'offrir à quelqu'un, ma vertu, si je n'ai pas une culotte présentable à me coller sur le pétard !

III

Ayant quitté l'atelier de couture, pour aller au magasin assortir du lacet, Zouzoune était restée absente un peu plus longtemps qu'il n'eût fallu, peut-être. Rentrant enfin, la petite se glissa à sa place accoutumée, et, se remettant à faufiler un ourlet avec une machinale prestesse, elle souffla dans l'oreille de sa voisine, la vieille Héloïse Cumouille :

— Ma chère, c'est aujourd'hui que ça va sauter !

— Quoi ?... Le Panthéon ? interrogea l'autre.

— Si le Panthéon saute, je m'en fous ! riposta Zouzoune... Je te parle de ma vertu... Ma vieille, dans le petit corridor qui est si obscur, je viens de me heurter à M. François Hallebard, le fils du patron. Je me suis effacée pour le laisser passer, comme de juste, mais il n'est pas passé tout de même... Oh là ! là ! Qu'est-ce qu'ils ont pris, mes nichons et mon pétard !... Il pelote rudement bien, ce joli garçon... Des petites titilles, des petites papattes d'araignées, des petits bébecs d'oiseaux gentils comme tout... C'est du travail autrement ficelé qu'avec des sales mecs que je connais... Et il embrasse ! Oh, ma mère !... Sûr que j'aurai pas besoin pour ma santé, aujourd'hui, qu'on me colle des ventouses sur le bout de la langue... C'est déjà fait, et richement... Enfin, pour le bouquet, il m'a demandé de passer au bureau, à quatre heures un quart, vu que son paternel décanille toujours à quatre heures tapant... Alors, il y a un divan, dans le bureau, et un chouette, encore !... Aussi, ma chère, s'il y a au monde une chose sûre et certaine, c'est que ma vertu va s'expatrier à jamais, dans trois quarts d'heure environ, sur des coussins à dix louis la pièce.

— Moi, ç'a été sur un fagot de morues sèches, avec un garçon épicier, avoua modestement la vieille Héloïse... Et c'était bien bon tout de même... Mais il m'a plaquée, le salaud !... Méfie-toi de ces cochons d'hommes, la gosse, c'est tous Crapule, Plaqueur et Cie... Ma belle, si tu n'es pas rosse avec les hommes, c'est eux qui seront rosses avec toi.

Zouzoune réfléchit un instant, puis répondit :

— J'pourrais pas être rosse avec M. François... Je l'aime vraiment trop depuis au moins un quart d'heure.

L'horloge de l'atelier marquait quatre heures un quart, pas dix secondes de plus, quand Zouzoune, toute frémissante d'espoir, frappa à la porte du bureau.

— Entrez ! cria-t-on.

La petite ne se le fit pas répéter... Patatras !... Elle se trouva en présence, non seulement de M. François, le joli garçon qui pelotait si bien, mais encore de son père, M. Hallebard, resté au bureau plus tard que de coutume.

— Que désirez-vous ? demanda la voix sèche du patron.

Paralysée par une frousse intense, Zouzoune eut tout juste la force de bafouiller cette réponse démesurément idiote :

— Je... Je n'ai plus de câble glacé n° 24... N'est-ce pas ici qu'on en donne ?

M. Hallebard n'eut pas grand mérite à penser qu'une ouvrière, à son service depuis trois ans, ne pouvait ignorer que les bobines de fil ne se délivrent pas au bureau. Il regarda longuement les joues de Zouzoune, rouges comme deux poignées de cerises, puis avisa celles de son fils, écarlates comme deux biftecks crus. Et il grinça, dans un mauvais sourire en biais :

— On va vous satisfaire, mon enfant... François, fais-moi le plaisir de filer dare-dare chez Mme de Quantefois, à Neuilly, pour lui demander si elle choisit le foulard ou la soie brochée... Prends un taxi... Il faut que le tissu soit commandé dès ce soir... Eh bien, tu n'es pas encore parti ?

La mine fort penaude, le jeune homme prit son chapeau et fila, formulant à part lui cette forte pensée : « Clairvoyance est fille d'expérience... Ça leur sert tout de même à quelque chose, aux papas, d'être au monde depuis plus longtemps que leur fils... Qu'est-ce qu'il va lui passer à la pauvre gosse ? »

Ce fut très simple. Sitôt François sorti, M. Hallebard alla pousser le verrou, puis ricana :

— Ma petite, ton câble glacé n'est qu'une ficelle bien rugueuse. Tu venais ici pour faire tes saloperies avec le singe, pas vrai ?... Or, mon fils ou moi, c'est kif-kif... Je n'ai rien à refuser à mon personnel, tu me plais, et je suis à ta disposition... Viens t'asseoir sur mes genoux, petite roulure.

Et il se laissa tomber sur le divan...

Zouzoune, très raisonnablement, se gourmandait tout bas de sa gaucherie, se répétait de toutes ses forces : « Vas-y donc, petite gourde ! »

Mais la raison d'une femme et ses nerfs, ça fait deux. Sans savoir elle-même d'où montaient à ses lèvres ces mots étranges, incongrus, incivils en présence d'un patron tout-puissant, elle murmura, la voix plaintive, sans avancer d'un pas :

— Un petit instant, je vous en supplie... Le temps de m'habituer à l'idée... Oh ! rien qu'un tout petit instant, je vous assure...

Déjà M. Hallebard était debout, furibond,

— De quoi ? beugla-t-il ... On fait sa Sophie, sa Jeanne d'Arc !... Et tu penses que ça va prendre ?... Voyez donc la belle ingénue !... Ça a déjà roulé avec tous mes garçons de courses, avec mon chauffeur, avec mon homme de peine, sans compter les passants et les militaires !... Et ça fait des manières avec moi, le patron !... Ça me prend pour un jobard, capable de croire à la vertu de ces garces-là !... Très peu pour moi, de la comédie !... Hors d'ici !... Retourne à l'atelier, petite salope !.

Qui donc vient de crier : « Vous en avez menti ! » ?... Qui donc a produit ce claquement vif et clair comme celui d'un coup de fouet ?... Zouzoune n'en sait rien, vraiment... Ça n'est pas possible qu'elle-même ait osé... Mais M. Hallebard, prudemment retranché derrière son bureau, une joue très rouge, l'autre très pâle, mugit, dans un tourbillon de gestes frénétiques :

— Une gifle à moi !... Une gifle !... A la porte !... Qu'on l'expulse !... Passez à la caisse, petite saleté !... Et vivement !

Flanquez-là dehors, vous tous !... A la porte !... Une gifle, à moi !... Une gifle !

Cinq minutes plus tard, une mince pincée de billets et de jetons dans sa poche, Zouzoune sortait à jamais de la maison Hallebard, poursuivie par la désapprobation générale et par l'approbation secrète d'Héloïse Cumouille. La petite ne songeait guère à sa situation perdue, au chômage menaçant. Confuse, stupéfaite, indignée contre elle-même, Zouzoune pensait, tout simplement :

— Ah ça ! qu'est-ce que j'ai donc ?... Si je continue ainsi à leur flanquer des beignes, c'est bien sûr, qu'ils ne me la prendront jamais... Tout de même, j'aurais pas cru que c'était si difficile à perdre... Faut croire qu'elle est vernie, ou bien nickelée, ma saleté de vertu !

IV

Casimir Bourbeux, oisif à perpétuité, il l'espérait, du moins, avait sentencieusement déclaré :

— L'oisiveté est la mère de tous les vices, y compris nib dans la casterole et la souffrance par inanixion, qu'est l' pire de tous les défauts... Si Zouzoune a eu l'indécence de se séditionner en rébellion contre un homme aussi riche que M. Hallebard, ce qu'est une conduite perturbante et dénigrable, c'est pas une raison pour qu'elle se dandine dans les douceurs de l'indolence et du fainéantage... Lui faut du boulot, et vivement !... Mais je m'incline à arbitrer que la couture n'est pas sa vacation indélébile... Et comme les mômes ça n'est pas encore assez perspicastre pour conjoncturer quel boulot qu'est compatible avec la bonification de leur avenir postérieur, c'est moi-même que je vais, sans me sourciller de mon exténuation, m'agonir de fatigue pour trouver à Zouzoune une situation congruante aux qualités de ses avantages corporatifs.

Et, dès le lendemain, l'air pas trop fatigué, somme toute, cet homme courageux réintégrait ses lares vénérés, en clamant d'une voix triomphante :

— J'ai rempli mon devoir d'être familial et dynastique !... Grâce à la prodigalité de mon dévouement, Zouzoune a le pied dans l'étrivière pour s'ascensionner, quand elle voudra, jusqu'à une situation équilatérale à celle de Cécile Tambour ou de Clara Sorel... La gosse est réceptionnée aux Folies-Sadiques, pour figurationner dans une revue qu'aura un succès indéboutable, vu que ce sera cochon comme tout... Quatre-

Brandissant un lourd silex, menaçante... (page 12).

vingts poules sur la scène, et trois mètres cinquante de tissu pour leur culottement collectiviste et général... Mon enfant, je n'ai plus qu'une observation à surajouter : quand tu nageras dans les trésors capitalistes de l'opulence, ne passe pas la réminiscence de tes père et mère à la gomme à effacer !

— C'est si sûr que ça, que Zouzoune va être miyonnaire ? demanda la méfiante Sophie.

— C'est une certitude déflagrante, pourvu qu'elle sache

y faire, décréta Casimir... L'art dramatique, pour une môme équitablement balancée, c'est la route qui converge en ligne droite vers le petit hôtel particulier, avec des glaces partout, un garage, un vrai garde-manger, des larbins en culotte et des femmes de ménage à tire-l'haricot... Faut pas être feignante, comme de juste... Une jeunesse qu'a le sentiment de son honneur respectif et du dévouement patrimonial qu'elle doit à ses vénérables père et mère, la délicatesse de sa conscience lui stigmatise qu'elle doit rien refuser à messieurs les auteurs, directeur, régisseur, commanditaires, actionnaires, abonnés, ek cétéra ek cétéra, qu'à la puissance discrétionnaire de l'érectionner jusqu'aux plus hautes protubérances de la richesse... C'est une loi de la décence théâtrale, de ne jamais leur affliger l'affront injurieux d'un refus rédhibitoire... T'as compris, Zouzoune ?... Tâche de te conduire en brave et honnête fille avec tous ces messieurs... Ainsi, le directeur des Folies-Sadiques, c'est d'une évidence alimentaire qu'y couche tous les jours avec toutes les poules de son établissement.

— Et tu dis qu'y en a quatre-vingts ! s'exclama la voix admirative de Sophie.

— Et puis après ? riposta Casimir... Pourquoi qu'y s' gênerait, cet homme, puisque c'est l'habitude comme ça ?... Maintenant que je lui ai donné la marche à suivre et le programme de la cérémonie, Zouzoune n'a plus qu'à se laisser aller, pour démontrer bientôt la pureté de ses sentiments honorifiques aux auteurs de ses jours, qu'ils soient authentiques ou hypothécaires, par des générosités redondantes et pécuniatrices.

Deux heures plus tard, vigoureusement bourrée dans le dos par le poing paternel de Casimir, Zouzoune risquait ses premiers pas sur la scène des Folies-Sadiques, vouée, pour le moment, à une répétition du corps de ballet.

Un unique violon, grinçant sous les doigts gourds d'un grand gaillard à l'aspect famélique et blasé. Des poules de tout poil et de tout âge : des jeunes qui n'avaient pas plus de dix ou douze ans, des vieilles qui en avaient au moins dix-huit. Culottes et cache-corset à 4 fr. 95, ou économiques maillots de bains, pisseux, délavés, reprisés. Deux petites, au repos, enfouies ensemble dans la même fourrure pouilleuse, assises sur le bourrelet d'une baignoire d'avant-scène. Les autres se trémoussant avec activité, ou bien figée dans des poses hiératiques, cependant qu'une voix de rogomme, enrouée, graillonneuse, éraillée, scandée par de formidables coups de canne sur le plancher, hurlait des mots énigmatiques :

— Un deux !... Coupez !... Saut du chat !... Dessus dessous !... Foutre de Dieu ! Ce n'est pas ça, mesdames !... Stop ! Regardez-moi !

Le haut-de-forme en feutre mat planté de travers, une redingote graisseuse ceignant son bedon rondouillard, un vieux petit bonhomme, qui ressemblait à un officier de riz-pain-sel en retraite, bondit au milieu de la scène. Le gourdin sous l'aisselle, la moustache en brosse à dents rebroussée par un énorme cigare, tricotant de ses courtes jambes avec une agilité singulière, il mima l'émoi pudique de la vierge surprise au bain, ses mines effarouchées, ses menottes comprimant son petit cœur qui bat, puis sa curiosité qui s'éveille, sourit, n'ose plus, puis sourit mieux encore, à l'aspect du jeune et beau chasseur.

C'était beaucoup mieux fait, incontestablement, que par les petites poules bébêtes, indifférentes, excédées. Mais, mimé par ce pot-à-tabac surmonté d'une tête de grenouille alcoolique, ce travail perlé, intelligent, impeccable, était on ne peut plus cocasse, grotesque et rigolo.

Du reste, le petit vieux n'eut pas le temps d'achever sa démonstration. Casimir l'interrompit par un magnifique salut, très Régence, si large qu'il accrocha au passage une des gambettes frétillantes du maître de ballet, et faillit le flanquer les quatre fers en l'air.

— Mes excuses les plus congratulatoires, M. le directeur ! bredouilla Casimir... C'était à seule fin de vous présenter ma fille Zouzoune, figurante néophyte, ici corporellement présente, dont je voudrais vous toucher deux mots, M. le directeur, sur la relativité de son brillant avenir et de ses...

— Quoi ?... Quoi ?... beugla le petit vieux... Qu'est-ce qu'il vient foutre ici, celui-là ?... Si c'est pour m'amener une figurante, qu'elle aille se coller là derrière, avec les autres, et qu'elle tâche de les imiter... Vous, le poivrot, fichez-moi le camp, et qu'on ne vous revoie plus !... Interrompre le travail de cinquante personnes pour une figurante !... Foutre du pape !. Au temps, mesdames !... Un deux !... Coupez ! Saut du chat !... Dessus, dessous !

Et le travail reprit, intense, trépidant, tandis que Casimir disparaissait on ne sait où, balayé, annihilé par la colère furibonde et gueularde du maître de ballet.

Zouzoune s'en fut compléter, dans le fond, une douzaine de pauvres filles, miteuses et résignées, sans talent, sans connaissances spéciales, engagées à bon compte pour grossir le copieux tas de viande qu'on présentait chaque soir aux spectateurs. Tout en imitant de son mieux leurs attitudes prétentieuses — malaisées et éreintantes, du reste, bien plus qu'il n'y paraissait à les voir — la petite se disait :

— Mais ils n'ont pas du tout l'air de songer à la rigolade, ces gens-là... On dirait qu'ils turbinent ferme pour gagner leur croûte, et plus durement encore qu'à l'atelier de couture.

Quand le maître de ballet accorda quelques minutes de répit à son troupeau, Zouzoune avait une crampe dans le mollet gauche, trois millions de fourmis dans le bras droit et une pénible sensation de lassitude inaccoutumée dans tout le reste du corps.

Mais déjà la voix du rogomme gueulait :

— La nouvelle figurante !... Où est-elle passée ?... La nouvelle figurante, foutre du Grand Mogol !

— Me v'là, m'sieur ! gazouilla Zouzoune en accourant.

— Viens par ici ! grogna le petit vieux, l'entraînant à l'écart... Voyons ta bobine... Pas mal du tout... Je crois que tu pourras me convenir, si tu n'es ni cagneuse ni bancale... Allons, montre-moi tes guibolles !

— Ça y est, ce coup-ci !... C'est lui qui va s'envoyer ma vertu ! pensa la petite.

Après les puissantes objurgations de Casimir Bourbeux, elle s'était bien promis de n'être plus aussi gourde qu'avec M. Hallebard, de s'affirmer docile autant que soumise. Pour donner une preuve certaine de sa bonne volonté, elle troussa très haut sa robe, découvrant ses jolis mollets, sa petite culotte bien remplie, puis demanda gentiment :

— C'est avec vous que je devrai coucher d'abord, M. le Directeur ?

La face habituellement violette du maître de ballet devint presque noire, tandis que ses gros yeux jaunâtres semblaient vouloir en sortir, comme deux bouts de bananes qu'on eût poussés par derrière.

— Coucher avec moi ! hurla-t-il... Voilà qu'elle veut coucher avec moi, foutre du czar !... De quel claque sors-tu, petit chameau... pour croire que l'on couche avec moi ?

Encore engueulée ?... Crotte alors !... Qu'elle dît oui ou non, ça finissait toujours sur le même air... C'était pas juste, tout de même ! pensait la pauvre Zouzoune.

— Coucher avec moi ! beuglait cependant l'autre... Sais-tu bien, petite garce, que Clovis Tournevire a quarante ans de métier, et qu'il n'a jamais touché une de ses élèves, si ce n'est pour lui flanquer des claques quand elle le méritait !... Sais-tu que je suis un brave et honnête bourgeois, qui possède quelque part une bonne vieille bourgeoise à qui il a fait huit enfants !... Crois-tu que je ne me fatigue pas assez, pour nourrir tout mon petit monde, sans m'esquinter encore à coucher avec des saletés de ton espèce !... Coucher avec moi, foutre du grand vizir !... Et si je t'envoyais coucher à la rue, pour t'apprendre ?

Désespérée, humiliée, Zouzoune sanglotait tout doucement, redevenue soudain, dans l'appréhension des taloches, la petite fille qu'elle était naguère encore. L'empoignant à pleine main par une boucle de cheveux, Clovis Tournevire, avec une douceur fort relative, la contraignit à relever la tête. Longuement il vrilla son regard perspicace dans les yeux purs et candides de la fillette. Puis il bougonna, baissant soudain le ton :

— Non, tu n'es pas une salope... Et je m'y connais, depuis le temps que j'en vois gambader... Toi, tu n'es qu'une pauvre petite bête qui ne sait rien encore de la vie, et qui se fabrique des tas d'illusions sur tout... Si c'est pas malheureux de ne pas même avoir le temps de faire un peu de morale à toutes ces idiotes qui viennent se pourrir ici, en y cherchant ce qu'on n'y trouve jamais... Pas le temps... Jamais le temps pour autre chose que pour trimer, quand on a huit gosses à nourrir...

Il resta songeur, un instant, l'air sincèrement apitoyé. Mais, ayant tiré sa montre, il bondit soudain en vociférant :

— Trois heures !... Et on n'a encore rien fichu de bon !...

Au travail, mesdames !... Au travail, foutre du mikado !

Et l'on se remit à turbiner ferme.

Au repos qui suivit, Zouzoune n'en pouvait plus. S'approchant d'une petite fille à mine d'angelot, qui semblait l'étoile du groupe enfantin de la troupe, et qui, pour le moment, mordait avec fierté dans un énorme chausson aux pommes, elle demanda, timide :

— Il y a longtemps que vous êtes danseuse ?

— Dix ans, répondit l'autre.

— Non !... Quel âge avez-vous ?

— Treize ans... J'en avais trois quand j'ai débuté.

— Et c'est toujours aussi fatigant que ça, la danse ?

— Y' a des maisons où c'est plus dur... Tous les maîtres de ballet ne sont pas aussi doux, aussi gentils que Clovis Tournevire... Vous, on voit bien que vous n'avez jamais fichu les pieds dans un théâtre... Vous êtes beaucoup trop âgée pour commencer, ma chère, vous n'arriverez à rien... Laisser tomber ça, croyez-en ma vieille expérience...Vous n'y gagnerez jamais de quoi bouffer des chaussons aux pommes, comme moi, qui suis une étoile.

— Et si je fais la bombe ? risqua Zouzoune.

— Ça c'est un autre métier, affirma l'enfant d'un ton calme et péremptoire... Faire la bombe et faire du théâtre, c'est deux boulots en même temps... En général, quand on risque la combine, on ne réussit dans aucun des deux, ou bien on s'esquinte le tempérament, et on en claque... Vous pouvez pas savoir ce que j'en ai déjà connu, des pauvres petites punaises qui ont clamecé, pour avoir voulu faire la noce et du théâtre en même temps.

— Pourtant, dit l'autre, se raccrochant à un suprême espoir, celles qui couchent avec le directeur, avec les auteurs, avec les...

— Des bobards ! coupa dédaigneusement la petite fille... Y'a plus que les poires de la salle, pour croire encore à ces trucs-là... Auteurs, directeurs, tout le tremblement, vous imaginerez jamais quelles combines qu'ils savent inventer, ces vieux singes, pour se défendre contre celles qui tâchent de coucher avec eux... Car elles essayent toutes, comme de juste... Mais ils savent que ça leur coûterait plus cher qu'au marché à la bidoche... C'est bien rare s'il y a une vedette qui réussit à en aguicher un, ou même à le violer, comme ça s'est vu... Et encore, ces histoires-là finissent presque toujours très mal, pour la poule comme pour le monsieur... Sans compter que le théâtre est sûrement par terre, s'il y a une de ces dames qui a le droit de faire bisquer les autres.

— Alors, questionna Zouzoune, les figurantes comme moi, à quoi qu'elles ont des chances de parvenir ?

Indifférente et blasée, la petite fille à figure d'ange laissa tomber, simplement, du haut de sa longue expérience :

— Au bordel.

Puis, comme la voix tonitruante de Clovis Tournevire s'élevait, de nouveau, pour convier tout le monde au turbin, foutre des Pharaons ! l'enfant lança, vers le groupe de minuscules gosselines qu'elle commandait, un sec et impérieux : « A nous, mesdames ! »

Et toutes s'élancèrent vers le travail.

Le soir, Casimir Bourbeux fut bien péniblement affecté en apprenant que Zouzoune n'avait pas couché avec quatre ou cinq messieurs au moins.

— Si les choses s'y manipulent d'une aussi dégoûtante façon que tu dis, c'est que les Folies-Sadiques ne sont pas la maison austère et tranquille que j'avais préopiné pour ton avenir postérieur. Ce serait donc une superfétation incongrue que tu repiques demain à ce sale truc-là... Heureusement que je suis toujours debout, avec mon courage abnégatif et indéfectible, pour te trouver un autre boulot... C'est tout de même un travail indicible et un souci bien impérieux, d'être le père d'une jeunesse pas trop moche !

Zouzoune pensait, plus simplement :

— Avec tout ça, c'est encore raté... Sûr, elle doit être collée à la seccotine, ma vertu !

V

Au petit bar du coin, Casimir a fait la connaissance de Sidoine Cubénit, un gaillard si intelligent, qu'il a remporté onze fois le non-lieu sur dix-huit inculpations. Interviewé quant au meilleur moyen de lancer une jeune et jolie poule, Sidoine a déclaré qu'il suffit de chercher, dans les annonces des journaux, celles qui demandent un modèle pour peintre, attendu que la peinture c'est toujours de la blague, et que quand on désire voir une femme à poil, ce ne peut-être que dans l'intention de coucher avec elle.

Et voilà pourquoi, dès le lendemain, Zouzoune, toujours accompagnée de l'infatigable Casimir, se présentait, en qualité de modèle, à l'atelier d'Archibald Broack, artiste-peintre cubiste et américain.

Archibald Broack, gigantesque et velu comme un mammouth, jeta à peine sur la jolie Zouzoune un regard distrait, dédaigneux.

— Quel prix vôs demandez ? fit-il simplement.

Estimant qu'il était encore un peu prématuré, sans doute, de faire une allusion, même discrète, au petit hôtel avec garage, garde-manger et larbins en culotte courte, Casimir répondit, sur un ton de désinvolte bonhomie :

— Bien que la marchandise soye de la pure primeur inaugurale, nous nous en rapportons à la généreuse prodigalité de Monsieur... Si Monsieur a la convoitise de se rendre compte visuellement, la petite va opérer abstraction totale de ses frusques... Pas besoin de faire attention à moi, vu que je suis son père sans l'être mathématiquement, et qu'on ne se gêne pas entre confrères, étant donné que je me rengorge d'appartenir comme Monsieur à la corporation picturale.

Car il n'eût pas été fâché de se rincer l'œil. Mais Archibald répondit, flegmatique :

— Inioutile... Mon peinture c'est la contraire de mon vision... Plousse que mon vision il est habominable, plousse que mon peinture il est beau.

— Chiqué ! pensait Casimir, rigolant à part soi et clignant de l'œil d'un air égrillard, pour faire comprendre qu'il se prêtait volontiers à la comédie.

— Séance demain dix heures de la matin, fit le peintre... C'est le matin que je suis le plousse mieux disposé.

— Moi, c'est plutôt le soir que ça me démange, avoua Casimir qui suivait sa pensée... Surtout quand j'ai bu un coup de trop... Mais chacun est libre et autonome dans ses manières, comme de bien entendu... C'est des affaires de complexité physique et génératrice qui ne regardent personne.

— Je recommande à la modèle oune silence hermétique, dit encore Archibald... Pas ounc mot quand jc fais ma œuvre.

— Tiens ! rigola Casimir... Ça vous coupe le sifflet, si la poule vous éjacule des boniments pendant l'opération ?...

Elle trousa très haut sa robe (page 20)

Je m'avais déjà laissé sous-entendre qu'y a des types comme ça... Dans ce cas-là, vous tritureriez pas grand'chose de fameux, si vous seriez en élaboration avec ma légitime, qu'arrête pas de m'extravaser des gentils noms d'oiseaux, sur toute la périphérie de la perpétration conjugale... Si les boniments vous coupent la chique, pourvu que la gosse soye pas homogène à sa mère.

L'air inspiré, rêvant sans doute à ses chers parallélipipèdes, le peintre ne daignait pas écouter. Il pontifia, solennel :

— Je demande aussi le himmobilité absolu.

— Ça, c'est encore plus curieux ! s'exclama Casimir... Ma Sophie, quand j'opère, elle frétille avec une fluctuation qu'est vraiment vibratile et torrentueuse... Et j'avoue à Monsieur que ça ne m'est pas du tout révulsif et antipathique... Enfin, chacun son goût... Du reste, sans vouloir commander Monsieur, je me suggestionne que tout ça, c'est pas des boniments à proférer devant ma pudicité paternelle, à propos de ce que Zouzoune viendra manufacturer ici... Si Monsieur a des revendications spécifiques sur la manière d'opérer, j'en suis d'accord, vu qu'avec de la galette, on a bien le droit de se payer toutes ses fantaisies romanesques et idéologiques... Mais je prie Monsieur de tergiverser jusqu'à demain pour expliquer toutes ses manigances à la petite, et d'économiser, tant qu'à présent, la vertu pudibonde et sexuelle d'un honnête homme.

Puis après un salut très digne, quoique très profond, il s'en fut, suivi de Zouzoune qui pensait, désolée :

— J'vas perdre ma vertu avec un orang-outang américain !

Le lendemain, à dix heures, Zouzoune arrivait chez Archibald Broack. Estimant, en vraie Parigote, pour qui rien n'existe hors Paris, qu'étranger et sauvage sont de valables synonymes, elle ne concevait pas de différences dignes d'être notées, entre un Yankee et un anthropophage polynésien. Et la petite se demandait, fort inquiète, si les mœurs américaines ne comportent pas des rites trop brutaux, trop sauvages, pour faire sauter ça.

Stupeur ! Elle fut reçue par l'épouse légitime du peintre, type de protestante à lunettes, rigide et compassée, dont la voix sèche convia Zouzoune à se déshabiller complètement, du même ton qu'elle eût pris pour lui dire d'ôter son chapeau.

La petite laissa tomber ses nippes, une à une, derrière un paravent japonais sur lequel grimaçaient des masques affreux. Tout en s'efforçant de leur renvoyer une grimace plus vilaine encore, Zouzoune se demandait :

— Qu'est-ce qu'elle fiche ici, celle-là, avec ses besicles ?... C'est pas sa place, tout de même !... Après tout, peut-être que dans son pays, l'habitude veut que la légitime tienne la chandelle... Eh bien, c'est du propre, chère Madame !

Nue comme un ver — un petit ver bigrement joli — elle sortit de derrière le paravent, les mains étalées, comme tout modèle à sa première séance, aux places que leur assigna la pudique Vénus du Capitole.

Archibald était debout devant un chevalet, sa femme devant un autre.

— Montez sur le table ! dit sèchement le peintre.

— Sur le coin ? interrogea Zouzoune qui n'était pas sans avoir entendu raconter bien des choses.

Et elle se dirigea, résignée, vers l'énorme table Louis XIV qui encombrait le milieu de l'atelier.

— Pas ce table-là !... Le celui à modèle ! fit Archibald en désignant une sorte d'estrade... Prenez le pose que vôs voulez... Le pose de ma œuvre, c'était tout de même jamais le pose de la modèle.

— Alors, je reste comme ça ! grogna Zouzoune en grimpant sur l'estrade, la main droite serrant toujours son nichon gauche, l'autre main obstruant l'endroit où elle s'applique d'elle-même, le bras étant allongé sans raideur vers l'axe du corps.

Déjà, brandissant des brosses plus vastes que des cuillers à pot, le peintre et sa femme, chacun de son côté, maculaient d'incohérentes bigarrures deux toiles blanches naguère si belles encore, dans leur candide et simple nudité. A peine, de temps à autre, jetaient-ils un vague et rapide regard vers Zouzoune, qui profitait lâchement de leur inattention pour modifier la pose, se piéter sur la jambe droite dès que la gauche commençait à se fatiguer.

Cependant, la petite songeait, ahurie :

— Ah ça ! On dirait qu'ils peignent pour tout de bon !.. Alors, qu'est-ce qu'il chantait, le camarade du mari à maman ?... Il a pas du tout l'air d'en vouloir à ma vertu, le vilain singe d'Amérique... Faut-il que ça manque de goût, ces sauvages !

Archibald, en effet, accordait aussi peu d'attention à son joli modèle, que de respect aux règles les plus élémentaires de l'anatomie et du coloris. Du reste, peignant toujours avec furie, il ne semblait pas songer à concéder le moindre repos à Zouzoune, qui commençait à se barber considérablement, et à regretter de ne pas s'être couchée tout de son long sur le tapis, quand on lui avait permis de choisir sa pose.

Soudain, une querelle terrible éclata entre les deux époux.

— Ça y est, elle est jalouse ! On va peut-être commencer à s'occuper de ma vertu, songea la petite, sans trop savoir si elle était contente ou furieuse.

Mais, à travers un charabia panaché d'anglais et de français, elle finit pas discerner que la dispute était d'ordre artistique. Archibald défendait les rigides angles droits de la formule cubiste, tandis que l'épouse, qui se servait d'un gigantesque compas pour son dessin de mise en place, prônait la traduction de chaque volume en un cercle parfait, selon l'école cycloïdiste, dont elle s'affirmait, fièrement, l'inventeur, le chef et le seul disciple.

Zouzoune profita de l'algarade pour s'octroyer le repos qu'on oubliait de lui accorder. Curieuse de voir si son portrait venait bien, elle se glissa, sobrement vêtue d'un jupon dont le bord était serré entre ses quenottes, devant la toile d'Archibald. Et son premier essai de critique artistique se formula en ces termes dénués de toute pédanterie :

— C'est moi, ça ?... Crotte alors !

N'entendant même plus les acerbes croassements des deux époux, elle bougonnait, fort vexée :

— Il a même pas su copier la belle pose que j'avais choisie, le fourneau... C'est mes gentils nénés, la brique verte et la bleue ?... C'est ma jolie frimousse, cette tête de bois qu'à la gueule en biais ?... C'est mon petit bedon, cette table de nuit en acajou massif ?... Et ce vilain triangle noir, qu'à l'air d'un emplâtre sur un abcès, ça croit représenter mon joli petit manchon qui frise et mousse si légèrement ?... Va donc, eh pochetée !

Quant au chef-d'œuvre cycloïdiste de Mme Broack, Zouzoune conclut, après un simple coup d'œil, qu'il ne pouvait être question d'elle dans ce tas de fonds de casseroles multicolores, et que la sauvagesse à lunettes se récréait sans doute à peindre, de mémoire, le trophée de petits ballons en baudruche que trimbale la vieille marchande des Tuileries.

Mais la querelle s'apaisa soudain, et Zouzoune courut reprendre la pose, sur un geste impérieux d'Archibald.

Comme le dernier coup d'onze heures sonnait, le mammouth posa sa palette en disant :

— Ma œuvre elle est finie, et ça est encore oune chef de œuvre !

Sa femme plus expéditive que lui, avait déjà terminé depuis dix minutes. Un quart d'heure plus tard, Zouzoune se retrouvait dans la rue, serrant en sa menotte un billet de dix francs, généreusement octroyé par Archibald pour une heure de pose. Contente, au fond, de n'avoir pas débuté avec un gorille, humiliée, pourtant, de s'être déshabillée devant un mâle sans qu'il en fût rien résulté, elle grommelait, énervée et hargneuse :

— C'est un peu fort, tout de même, que j'arrive pas à m'en débarrasser !... Faudra-t-il que ce soit moi qui en viole un, pour qu'on se décide à me la prendre, ma vertu !

VI

Sophie et Zouzoune sont bien tranquilles, bien heureuses. Pour injures et coups à un infâme sergent de ville, qui prétendait l'empêcher de continuer à boire à crédit sans l'autorisation d'un ignoble mastroquet, Casimir Bourbeux est nourri et logé, pendant quinze jours, non plus aux dépens de Sophie, mais à ceux de l'administration pénitentiaire.

Comme Zouzoune a retrouvé de l'ouvrage dans un atelier de couture, les deux femmes, avec leurs salaires réunis, se paient de petites douceurs inaccoutumées. Aussi la gosse affirme-t-elle :

— Maman, c'est bien plus chic la vie, quand ton homme n'est pas là.

A quoi Sophie répond, philosophe :

— Pour des choses qu'y a, bien sûr !... Mais j'me réjouis tout d'même rudement qu'y soye lâché, mon salaud d' conjoint... Dans la vie, vois-tu, faut toujours qu'y ait un truc qui vous démange... Quand c'est pas les puces, c'est l'estomac... Quand c'est pas l'estomac, c'est autre chose... Et j' te garantis qu'y m' démange bien fort, mon p'tit autre chose, depuis, huit jours que Casimir a plus couché ici... Tu voiras ça, fifille, quand t'auras tâté d' la bagatelle !

Zouzoune revient de l'atelier, en métro. Fait inévitable, en ce lieu et à telle heure, elle est comprimée, laminée entre cinq ou six messieurs, à qui la vigueur masculine permet d'assurer quelque jeu à leurs poumons, aux dépens de ceux d'autrui. Fait un peu moins inévitable, mais bien fréquent tout de même, Zouzoune sent soudain qu'on la pince dans le derrière... Qui ?... Ce n'est pas facile à savoir, en métro. Grâce à des efforts véhéments, la petite parvient à tourner assez la tête pour constater que le geste est insolent, inadmissible, scandaleux, puisqu'il n'émane pas d'un jeune et joli garçon, mais d'un ignoble petit vieux, dont la face jamais débarbouillée est celle d'un chimpanzé lubrique.

Que faire ?... Du scandale ?... Quel raffût ! Quel ennui !... Sans compter qu'on pourrait bien lui donner tort, se moquer d'elle. Car tous ces gens-là sont trop pressés, bien sûr, pour s'occuper des affaires d'autrui, et ça leur est fort égal, que Zouzoune ait ou non des bleus sur le pétard... Tâchons de nous tirer d'affaire toute seule... Et la gosse, pour s'écarter des doigts rudes qui malaxent ses fesses virginales, s'insinue, avec une ténacité insidieuse, inlassable, entre le dos et la poitrine qui se trouvent devant elle.

Bon ! Qui est-ce qui grogne, maintenant ?... C'est la poitrine contre laquelle Zouzoune, sans penser à mal, presse tant qu'elle peut son joli petit nichon gauche. Elle lève les yeux vers la tête qui surmonte cette poitrine... Bigre, le joli garçon !... Mais, dans des yeux superbes, quel air de courroux, de dédain, de mépris... Ah ! non ! C'est pas admissible, qu'un chérubin pareil la prenne pour ce qu'elle n'est pas, se figure qu'elle a voulu...

Zouzoune murmure, écarlate :

— Excusez-moi, monsieur... J' sais pas comment faire pour échapper au vilain vieux qui me pince, là derrière, que c'en est dégoûtant !

Le beau regard bleu et courroucé du chérubin change de direction. Passant par-dessus la tête de Zouzoune, il va foudroyer le vieux singe mal lavé. Puis une bouche bien dessinée, aux lèvres rouges et charnues... — Cristi ! la jolie bouche ! — grommelle d'énergiques menaces à l'adresse des saligauds qui osent manquer de respect aux jeunes filles. Et comme ces yeux si beaux, cette bouche si jolie sont situés au dessus d'épaules athlétiques, voici que le pétard de la gosse se trouve délivré, soudain, des humiliantes prospections aux conséquences azurées.

— Merci mille fois, monsieur.

— De rien, mademoiselle.

Comme il rougit, le beau jeune homme... Plus fort peut-être que Zouzoune elle-même, et ce n'est pas peu dire. Mais il est encore plus charmant comme ça, le monsieur... Quel dommage qu'elle doive descendre à la prochaine station !... Tiens, il descend aussi... Comme ça se trouve !

— Vous prenez le métro tous les jours, mademoiselle ?

— Oui, monsieur, tous les jours, à six heures, à la station Opéra.

— Tiens ! Moi aussi... Comme ça se trouve !

VII

Huit jours ont passé. Zouzoune est folle du beau chérubin, qui lui a dit se nommer Gaston Clarinet, et être un petit employé sans le sou. Il est bien gentil, mais bien timide, car s'il la retrouve chaque soir dans le métro — Comme ça se trouve ! — c'est hier seulement qu'il a osé devenir moins respectueux, et qu'on a décidé que la vertu de Zouzoune sauterait enfin, aujourd'hui, dans une chambre d'hôtel que Gaston a retenue, à proximité de la station de métro Gambetta.

Devant la maison de couture où travaillait Zouzoune, et caché derrière une auto qui stationnait contre le trottoir d'en face, Casimir Bourbeux songeait :

— Faut-y que j' soye un gaillard familial et génératif, pour être pas déjà pompeusement ébriété et redondant de bibine, le jour même de ma désincarcération libératoire !... Mais s'agit pas de ça, Lisette !... J' me rattraperai par la suite consécutive, comme de bien entendu... L'essentiel fondamental, pour le moment, c'est d'empêcher Zouzoune de faire des bêtises erratiques et préjudiciaires... Un amoureux, Gaston Clarinet, petit employé sans le sou, que m'a interjecté Sophie... C'est pas ce râleux-là, bien sûr, qui peut me corroborer l'avenir catapultueusement fiduciaire auquel j'ai droit, vu les avantages corporatifs et physionomiques de Zouzoune. J' vas y faire voir, au Clarinet, comment que j' les défectionne, les galvaudeux qui viennent s'interjecter, dans le chemin du repos inactif et honoraire de ma vieillesse... J'vas y faire voir, que j'dis !... Acré ! v'là la môme !

Zouzoune file à toute allure, s'engouffre dans la station de métro Opéra... Un bras encercle sa taille... Hop !... en voiture !... Comme la rame avance lentement, comme les stations sont nombreuses, les arrêts interminables !... Gambetta, enfin !... Allègre et rapide envolée de deux moineaux affamés vers un énorme morceau de pain... La rue à droite... Puis celle-ci à gauche... C'est là... Plus que dix pas à faire...

Deux mains brutales séparent les amoureux enlacés. Une voix tonitrue, graillonneuse et solennelle :

— J'arrive au moment compatible, fille dénaturée, pour t'empêcher de vilipender dans la flétrissure notre honorabilité familiale !... Vous, l'infâme séductionneur, foutez le camp, et qu'on ne vous revoie plus, ou je vous fais arrestationner pour corrupetion et détournage de mineure n'ayant pas encore effectué sa majorité.. Toi, la môme, à la niche avec moi, et vivement !... C'est-y pas malheureux et afflictif, que je doive sortir de prison pour t'enseigner l'honnêteté, le décence et la moralisation !... A la niche, que je te dis !

Devant la redoutable et toute-puissante autorité paternelle, Gaston a disparu, piteusement. Et, se laissant traîner par la grosse patte qui s'est rivée autour de son poignet, Zouzoune pense, sanglotante :

— Je pourrai donc jamais la perdre ?... Sûr, on me l'a ensorcelée, ma vertu !...

VIII

Zouzoune était enfermée dans sa soupente, à double tour de clef. Un copieux monceau de hardes à réparer permettrait à Casimir de contrôler lors de son retour, d'après l'avancement du travail, si la petite n'avait pas joué la fille de l'air, ou perdu bêtement son temps à pleurer.

Casimir rôdait, vers six heures du soir, dans le ventre copieusement bourré de la station de métro Opéra.

Il vit arriver un Gaston Clarinet, fiévreux, bouleversé, anxieux, guettant avec angoisse l'arrivée de chaque silhouette

C'est moi ça ? Crotte alors ! (page 28).

féminine, sans se douter qu'on le guettait lui-même. Il vit passer d'innombrables rames de wagons, sans que le jeune homme se décidât à sauter dans aucun. Il vit, après plus d'une heure d'attente, Gaston s'en aller d'un pas triste et lent, s'essuyer longuement les yeux dans un couloir où il se croyait seul, puis, gravissant les escaliers comme si c'eût été le plus douloureux des calvaires, émerger sur l'asphalte de la place de l'Opéra.

— Rien qu'à le voir, je m'en avais sagacitement douté, songea le malin Casimir : ça, c'est pas un mec du XXe... Ses embarquages métropolites pour Ménilmuche, c'était rien que du chiqué aprocryphe et séductionnaire, aux fins de s'introniser dans les sentiments affectifs de la gosse... Voyons voir, maintenant, où qu'il incarne son domicile véridique, pour le cas de surveillance consécutive et interventionnelle.

D'un pas incertain, Gaston gagna la rue de la Paix, puis entra dans un somptueux magasin de bijouterie.

— Nom d'une cuite ! s'effara Casimir... Est-ce qu'il ambitionne de perpétuer un sale coup concussionnaire et cambriolique, dans les brillants ou autres métaux somptuaires, pour conquérir, grâce à des générosités prodigalisatrices, mon estime et le cœur de Zouzoune par-dessus le marché ?... Hé ! hé !... Ça pourrait devenir intéressant et capitalisable, ce fourbi-là, si le ballot y se fait pas embarquer par les cognes.

S'épatant le nez contre la vitrine, il vit Gaston s'approcher de la caisse, puis, ô surprise ! embrasser familièrement l'énorme dame aux oreilles et aux doigts étincelants qui y trônait.

— Mince de bécot ! monologua Casimir... Je m'avais donc erronément trompé : il entre pas là avec des ambitions usurpatrices et barbotantes... Mais si ce jeune homme s'éclaircit comme le greluchon d'une vieille rombière, avec des diadèdèmes aux doigts et aux oreilles pour plus de cent mille balles, et pour des millions autour d'elle, j'ai bien sûr fait une gaffe aberrative et fourvoyante, en m'obstructionnant à ses manières copulatives autour de Zouzoune... Va peut-être falloir que je m'interpose amicablement pour les rabibocher.

Prenant quelque recul, il contempla la devanture du magasin. Au-dessus des vitrines, sur un vaste tableau de marbre, des lettres de bronze formaient ce nom : *Clarinet.* Tout éberlué, Casimir mâchouilla :

— Son nom !... Son nom matricule, personnel et authentique !... C'est pourtant pas ce blanc-bec qui peut être le patron véridique et positif de la boîte.!... Qu'est-ce que ça manutentionne, toutes ces conjurations-là ?

Un homme de peine s'en vint faire tomber, sur les vitrines scintillantes, les lourdes paupières des volets métalliques. Casimir l'examina attentivement, puis murmura, approbateur et fraternel :

— Celui-là, c'est pas en suçant des sorbets au cachou qu'il a si bien institué le culottement de son pendentif nasal... Donc, sitôt qu'il aura conclusionné sa journée, c'est ventre à terre et à vol d'oiseau qu'y va s'irruptionner dans son petit bar habituel, qui doit pas être, pour cause d'urgence talonnante, localisé aux antipodes de ce trottoir-ci, c'est mathématique et irréversible.

Une demi-heure plus tard, dans un petit caboulot tout proche, en effet, Casimir et l'homme de peine échangeaient d'affectueuses confidences, comme il sied quand on a déjà vidé quelques verres ensemble, et surtout quand on est en accord absolu sur le règlement des consommations, l'un payant toujours, l'autre jamais.

— Alors, vieux frère, disait Casimir, il a qu'un seul fils, ton singe ?... Un seul fils unique, solitaire, individuel et prénommé Gaston ?

— Oui, ma vieille, répondait l'autre... Y vous ont un petit rhum, vois-tu, dans c'tte boîte-ci !

— Patron, deux rhums !... Et c'est ce fameux fils unique et solitaire qui s'a réintégré dans l'officine, au moment ponctuel que t'allais mettre tes volets, et qui s'a livré à des embrassements torrentueux sur la patronne, qui serait d'après toi sa mère véridique et conceptionnelle ?

— Juste, Auguste !... A la tienne !

— De combien qu'y pourra être riche, par hérédité successorale, le fils unique et solitaire de ton singe ?

— J' sais-t-'y, moi ?... Des millions et des millions, pour sûr, vu qu'nous sommes tout c'qu'y a d'plus cossu et d'plus respectable dans la rue de la Paix, où qu' les purotins c'est plutôt rarissime... Mais tu penses bien qu'on me les a pas donnés à compter, les millions... Y' en a quéques-uns, v'là tout c'que j'sais... Ma vieille, y vous ont un petit vin blanc qui fait couler l'rhum, vois-tu, dans c'tte boîte-ci !

— Non vieux frère... C'est tentateur et mirifique, ton vin blanc... Mais c'est d'une chronologie inactuelle, vu que je dois préopiner des interjections urgentes à ma bourgeoise et à sa gosse, rapport à ma responsabilité de chef de famille paternel et autocratique... Vieux frère, à l'agrément de la revoyure inopinée !

Et Casimir s'en fut, songeant :

— Des millions et des millions, nom d'une cuite !... Pour sûr, alors, que j'ai fait la gaffe aberrative et fourvoyante... J'pouvais-t-y l'horoscoper, moi, qu'un fils unique et individuel de millionnaire allait se transfuser en petit employé sans le sou, pour la jouissance postiche et attractive, bien sûr, de se savoir aimé quant à lui-même ?

Une heure plus tard, cet être infatigablement paternel tombait chez lui, où l'on n'attendait sa rentrée que pour le matin au plus tôt.

Sans paraître remarquer que Sophie avait délivré Zouzoune en dévissant la serrure de la soupente, Casimir éructa, dans un copieux relent d'alcool, ces paroles magnanimes :

— J'suis pas un père barbare et anthropophagique... J'veux pas qu'Zouzoune all'ait du chagrin afflictif et atrabilaire, nom d'une cuite !... J'y récupère mon autorisation paternelle de réintégrer l'atelier demain matin, et de réagglomérer les nœuds d'affection qui la cimentent avec Gaston Clarinet, un garçon que je m'ai laissé conquérir à lui vouer une accointance sympathique, malgré que ça soye qu'un petit employé sans le sou... C'est juré !... Cochon qui s'en dédit !...

— Quel brave homme, tout de même, mon Casimir ! pensait Sophie tout émue.

Et Zouzoune songeait, l'âme ravie :

— Enfin !... Demain, je la donne à Gaston, ma saleté de vertu !

IX

Vous pensez bien que Zouzoune, si lourde de sa vertu trop longuement gardée, se trouvait le lendemain, dès six heures du soir, à la station de métro Opéra. Et vous êtes bien certain que Gaston l'y attendait.

En quoi vous vous trompez, lecteur, car l'amoureux ne parut pas.

Et le sournois n'avait même pas donné son adresse à Zouzoune. Comment le retrouver, comment lui faire savoir qu'elle l'aimait toujours, et entendait bien ne dédier sa vertu à nul autre que lui ?

Sa vertu ! On la lui avait rivée avec des crampons de fer, décidément, elle ne parviendrait jamais à s'en débarrasser !

La voyant rentrer toute pâle, toute bouleversée, Sophie comprit aussitôt que la pauvre enfant n'avait pas encore fait connaissance, bien sûr, avec le petit objet qui tenait une si grande place dans les préoccupations maternelles. Et comme il ne pouvait, selon son âme toute simple, advenir à nulle femme un plus grand malheur que d'être privée de cela, la bonne mère demanda, sincèrement apitoyée :

— Encore Jeanne d'Arc, ma chouchoute ?... C'est donc un fainéant et un propre-à-rien, le gigolo à qui qu' t'avais donné ta confiance ?

En pleurant, Zouzoune, conta son histoire. Sitôt qu'elle eut fini, une voix brumeuse s'éleva de l'alcôve, où Casimir soignait encore le magnifique mal aux cheveux qu'il avait pu, enfin, s'administrer la nuit précédente. Cette voix disait, auguste et paternelle :

— T'en fais pas, la gosse !... Malgré qu' ça soye qu'un petit employé sans le sou, ton Clarinet, Casimir est toujours imputresciblement debout, pour te le récupérer, avec son courage indéfectif... Je fais le jurement assermenté de me mettre à la recherche de ce Clarinet, pour vous réintégrer de ses nouvelles toutes fraîches... Mais le souci de la véridicité m'oblige à amplifier dans ce sens, que je ne pourrai vous percuter le moindre racontar, si je ne suis pas possessif d'un capital initiateur de cinq ou six francs, lequel n'engendrera qu'une plus grande plénitude de vérité, s'il se trouve par hasard supérieur à lui-même... Chiale pas, la gosse, que je te dis !... Bien que ça soye qu'un petit employé sans le sou, je te le récupérerai, ton Clarinet !

Malgré ce magnifique discours, Zouzoune continuait à pleurer, inconsolable. Mais Sophie murmurait, les mains jointes devant l'alcôve, comme devant la statue d'un saint, vénérable et héroïque martyr de sa foi :

— Quel brave homme, mon Casimir !... Y' a pas plus brave homme que lui dans tout Ménilmontant !

Aussi put-elle, le lendemain, procurer à ce si brave homme un petit pécule de sept francs cinquante, laborieusement arrachés, comme avance d'honoraires, à l'avarice d'une cliente.

Ainsi lesté, Casimir alla tomber, bien entendu, à l'heure de l'apéritif, dans le petit bar où devait inévitablement se trouver, à cette heure sacrée entre toutes, l'homme de peine de la bijouterie Clarinet.

Après un quart d'heure de conversation agréable et suggestive, puisque consacrée, avec preuves à l'appui, aux valeurs comparées de diverses boissons alcooliques, Casimir insinuait adroitement :

— Et ton singe, vieux frère, y va toujours d'une façon avantageuse et boulottante ?

— J'en sais rien de rien, répondit l'autre, vu que le singe, depuis hier matin, est en voyage à l'étranger, hors Paris... Il était pas mauvais, ce picon-citron, mais, si je m'aurais consulté plus attentivement, je crois que j'aurais préféré un anis à la gentiane.

— Patron, deux anis à la gentiane !... Alors, si ton singe est migrativement défectif, je m'accrédite que c'est son fils Gaston, ce beau grand jeune homme, qui le relaie dans le commerce comme coadjuteur de rechange ?

— Tu fais-t-erreur, ma vieille, vu que M. Gaston il est aussi dans les pays lointains, où que le singe l'a emmené de force.

— De force, nom d'une cuite !... C'est-y que le jeune homme aurait barbotivement usurpé quelques brillants et autres camées paternels, peut-être bien ?

— T'y es pas, que j' te dis !... C'est toute une histoire, ma vieille. Avant-hier au soir, M. Gaston a rentré qu'il était comme un âne en peigne, ainsi qu'on dit... Sa maman elle lui a tiré les vers du nez, vu qu'y a pas plus chien que cette vieille poule-là pour moucharder tout le monde en général, et l'homme de peine en particulier... Le jeune homme a fini par avouer qu'il avait du chagrin rapport à ses amours, étant donné que c'est encore trop innocent pour comprendre que toutes les poules du monde, ça vaut pas un apéro bien tassé... « J'aime une petite couturière de rien du tout, qu'il a dit... Je voulais en faire ma maîtresse, mais son père s'y refuse et s'y oppose, parce qu'il n'est pas consentant, rapport à la chose de l'honneur familial... Alors, je vous demande la permission de l'épouser en mariage légitime... » Sur quoi le singe, qu'est malin comme un vrai, y a répondu tout tranquillement : « Je veux bien que tu épouses une petite couturière... J'y mets qu'une seule et unique condition : c'est qu'elle aura un million de dot... » Et comme M. Gaston a bien dû avouer qu'elle avait pas un pelot, tu penses bien, le singe y a collé ça sus l'citron : « Demain, je m'embarque justement pour Londres... Je t'emmène avec moi, et t'y resteras chez ton oncle Gérard, le marchand de perles, jusqu'à ce que t'aies oublié ton béguin. »... Et il a fait comment qu'il avait dit, à preuve que c'est Bibi qu'a trimballé leurs valises à la gare Saint-Lazare... Ma vieille, c'est pas mauvais, l'anis à la gentiane, mais si c'était à refaire, je crois que je m'aurais entêté sur le picon-citron, qui me paraît plus réconfortant et plus j'te gratte là où qu'je passe.

— Non, vieux frère, vu qu'y me reste à peine pour la moitié médiane d'un seul... Et puis, je me demande pourquoi que je reste là à te passer des schampooings à l'alcool sur les amygdales, pour auditionner tes bobards consécutifs à ton singe et à sa progéniture dynastique... Qué qu'tu veux qu'ça m'foute, à moi, des histoires de gens qui se transmigrent par delà les mers où que je pourrai jamais me déporter ?... T'as pas à craindre que les cognes te confisquent ce soir pour ivresse publique, vieux frère, si tu comptes que sur moi pour élaborer la prédisposition de la chose.

Rentré chez lui, Casimir annonça brutalement :

— Gaston Clarinet est une personnalité interlope, infamante et dévergondée, que Zouzoune ne doit plus y songer pour la perpétration d'un avenir judicieux.. Tout au reste, il s'a embarqué hier matin pour l'Australie, sans esprit de retour rétrograde, avec une négresse qu'il a tortueusement détournée de ses devoirs dans le claque où elle était encore engagée pour trois mois, et qui l'emmène pour se fixer indissolublement avec lui dans son pays natal et autochtone... C'est donc une affaire conclusionnée par extinction terminale... Zouzoune n'a plus à compter que sur le courage de son père occasionnel, pour l'engendrement de son avenir complémentaire.

— Y' a-t-y des hommes qui sont canailles, tout de même ! s'exclama la bonne Sophie.

Et toute la nuit, dans sa soupente, Zouzoune pleura sur l'infamie de ces monstres d'hommes, qui partent ainsi pour l'Australie avec des négresses, sans même daigner vous rendre le léger service, qu'on leur demandait bien poliment, de faire sauter enfin votre vertu.

X

Bien qu'étant sorti les poches vides, Casimir rentra avec une cuite superbe. Et, pourtant, il devait posséder encore des sous, comme Sophie le constata par un stratagème qui ne ratait jamais. Il lui suffisait de dire à l'ivrogne : « Ote tes godasses, que je les cire ». Car elle savait depuis longtemps, cela va de soi, que Casimir cachait le reste de son argent dans ses souliers, quand il lui avait été impossible de tout boire en une seule séance. S'il consentait à ôter ses godasses, c'est qu'il était fauché. S'il refusait avec une énergie farouche et des prétextes idiots, Sophie, bien entendu, ne caressait point, pour cela, l'absurde espoir de palper jamais la moindre part du contenu des bottines. Elle savait, du moins, qu'il était juste et équitable de ne pas trop rogner sur sa nourriture et sur celle de Zouzoune, pour jeter quelques ingrédients solides dans le petit lac de spiritueux que formait l'estomac de Casimir.

Or, bien qu'ayant, de toute évidence, longuement pataugé dans une boue épaisse, et même dans autre chose encore, le pochard, ce soi-là, s'obstina à déclarer que ses pompes étaient magnifiques, luisantes de propreté, prêtes à le conduire, s'il le fallait, dans les salons les plus huppés du plus grand monde, nom d'une cuite ! D'où Sophie conclut que pour pouvoir encore, avec un pompon aussi soigné, céler quelque galette dans son coffre-fort en box-calf, Casimir avait dû connaître la joie exquise d'une rentrée importante.

Sans daigner s'expliquer sur ce point, l'ivrogne déclara, avec sa grandiloquence coutumière :

— Si Zouzoune chiale encore, elle est dans son tort illégal et arbitraire, vu que grâce à mon courage abnégatif et triomphateur, elle va vivre bientôt dans les avantages confortables de la prospérité eldoradique... Fallait un homme comme moi, tout de même, pour dépister la trouvaille d'une situation aussi capiteuse que ça : demoiselle de compagnie chez une

Zouzou pleura (page 40).

dame de la plus haute aristocratie nobiliaire, nom d'une cuite !

— M'en fous ! répondit Zouzoune, pleurant plus fort que jamais.

— La gosse, bafouilla Casimir, faudra tâcher moyen de plus éjaculer des propositions aussi mal embouchées, quand tu seras, grâce à Bibi, demoiselle de compagnie dans la haute noblesse du grand monde... Pour s'exprimer avec une élégance fashionnable, dans les salons dorés de l'aristocratie, on ne dit pas : « M'en fous ! » qu'est du style négligé, abstractif et populatoire... On doit dire la phrase bien complète, avec tous ses agréments et qualificatifs divers : « Je m'en fous ! » ce qu'est le genre distingué et copurchic des dames bien élevées... Tâche de te souvenir mémorativement de ça, quand tu te gobergeras dans un luxe scintillant et fabulatoire, chez Mme la comtesse d'Accouplévoux.

— Une comtesse ! brâma Sophie émerveillée... Ma Zouzoune va tenir compagnie à une comtesse !

— Parfaitement, ma vieille !... Pour dire toute la vérité intrinsèque et mathématique, y'aura là quèques autres dames ou demoiselles compagnatives au même degré...

Ouvrant des yeux comme des trous d'obus, Sophie admirait ces mœurs aristocratiques avec une confiance d'autant plus grande qu'elle n'avait rien compris du tout.

Zouzoune la mit au fait, brutalement :

— C'est une maison de passe, quoi !... Je m'en fous, somme toute !... Etre là ou ailleurs, qu'est-ce que ça peut bien me fiche ?... J'irai, chez ta comtesse... J'irai, quand ça ne serait que pour voir si on y réussira ce que personne n'a pu réussir jusqu'à présent... Ce coup-ci, ce sera vraiment la guigne des guignes, si on ne parvient pas à me la faire sauter, ma vertu !

XI

Sophie, Zouzoune et Casimir revêtaient leurs plus beaux habits pour se rendre chez la comtesse.

Graves et cérémonieux, comme s'ils allaient à une noce, — il y avait un peu de cela, somme toute — ils descendirent leurs six étages. Surprise énorme, événement extraordinaire dans leur vie, la concierge leur tendit une lettre, tout comme à des gens riches ! Sachant lire et écrire couramment, Zouzoune était, et de beaucoup, la personne la plus instruite de la famille. Ce qui lui conférait le droit imprescriptible de s'emparer de la missive.

— Quoi que ça veut dire ? fit-elle après avoir lu... Un notaire qui invite Mme Sophie Bourbeux, née Verduron, et sa fille Alexandrine — ça c'est Bibi —, à se présenter au plus tôt en son étude, pour assister à l'ouverture du testament de feu Alexandre Baliveau... Eh bien ! mémère, qu'est-ce qui te prend donc ?... Quoi qu't'as, maman ?... Quoi qu' t'as ?

Sophie s'était évanouie, tout simplement. Zouzoune et la concierge la soignèrent de leur mieux, tandis que Casimir se précipitait au petit bar du coin, pour se remettre de son émotion en buvant un verre ou deux.

Sortie enfin de sa syncope, Sophie hoqueta, avec force reniflements pour avaler ses larmes :

— Ton père, ma Zouzoune !... Alexandre Baliveau, c'était ton père !... Un pas grand'chose va !... Un pédezouille qui m'a salement plaquée, sans même dire au revoir et merci, le jour qu'il a su que j'avais un polichinelle de sa fabrication dans mon tiroir... J'l'ai jamais revu, j'ai jamais eu de ses nouvelles. J'comprends pas comment qu'il a pu savoir que j't'ai nommée Alexandrine, et que je suis devenue Mme Bourbeux. C'est pour ça que j'ai senti un coup... J'y avais plus jamais pensé, moi, à c't homme qui m'avait si bien plaquée !

— Tout de même, insinua la concierge, s'il a fait un testament, et qu'on vous convoque à la lecture, c'est qu'il vous laisse quelque chose.

— Pas des masses, pour sûr, affirma Sophie... C'était tout ce qu'il y a de mieux comme purotin, d'abord... Et puis, il était si tellement égoïste et sur son quant à soi, qu'y s'aura bien su arranger pour boulotter l' peu qu'y pouvait avoir, et laisser l' moins possible aux autres.

— C'est à voir, insista la pipelette... On ne fait pas un testament rapport à soixante-quinze centimes, ni même à quarante sous... Si vous êtes sus l'papier, vous étonnez pas qu'ça soye pour une pièce de cinq cents francs, ou de mille, peut-être bien.

— Mille francs ! clama Casimir qui venait de rentrer... Je n'ai jamais eu l'honneur de les concentrer dans ma patte, d'un seul bloc homogène et simultané... Mes chattes, voici tout justement un autobus qui nous tend des bras opportuns, pour nous orienter accélérativement chez ce brave notaire !

Devant l'étude, on convint que Casimir attendrait là, puisqu'il n'était pas convoqué. Ça ne le gênait nullement, car il y avait un joli petit bar tout juste en face. Il attendit donc sans trop d'impatience, ne regardant pas à la dépense pour gober les consommations l'une sur l'autre, avec une hâte joyeuse, puisqu'on allait palper beaucoup de galette. Dans les rares moments, où il n'était pas occupé à porter son verre à ses lèvres, cet homme prévoyant s'efforçait d'établir le compte fabuleux des apéritifs qu'on peut se payer avec mille balles. Fort vainement, du reste, des calculs aussi ardus aussi vastes, étant par trop au-dessus de ses moyens.

Pas très bien dessoûlé de la veille, il était déjà reparti pour une nouvelle et superbe cuite, quand les deux femmes reparurent sur le trottoir d'en face, l'appelant avec de grands gestes éperdus.

— Combien ? hurla Casimir en traversant la chaussée au quintuple galop.

Mais il faut toujours que ces sacrées femmes mêlent d'absurdes histoires de sentiment aux questions les plus sérieuses. Au lieu de lâcher, sans lantiponnage, la seule réponse qui importât : un simple chiffre, elles s'empressèrent de débiter, toutes deux en même temps, volubiles et pathétiques, des tas de ragots oiseux, superflus, sans le moindre rapport avec le seul fait essentiel :

— C'est bien lui !... C'est bien le père de Zouzoune !

— Il est resté longtemps dans la purée, a dit le notaire...

— Combien ? interrompit Casimir.

— Le notaire a pas dit combien d'années... Mais il a fini par gagner des sous, pendant la guerre, comme tant d'autres...

— Combien, que j'vous dis !

— Combien d' gens qui s'ont enrichi pendant la guerre ?... Tu sais bien qu'y en a des tas, voyons !... Il était marié, il avait un fils légitime...

— Combien, nom d'une cuite !

— Un seul, qu'on t'dit !... Un seul fils, et y n'pensait plus à l'enfant de l'amour, comme de bien entendu... Y s'a mis à faire de l'auto...

— Combien ?

— Ah ! le notaire a pas dit s'il avait une ou plusieurs voitures... Mais c'est bien assez d'une pour plus en avoir du tout, puisqu'y s'a fait amocher dans un accident, où qu'sa femme et son fils ont été tué nets... Lui, il était gravement blessé...

— Combien, nom de Dieu !

— Des tas de blessures, qu'il avait... j'sais pas combien au juste... Comme y s'remettait pas, qu'y s'voyait en train de clamecer, et qu'il avait plus d'héritier direct, ni même de famille, il a songé à son fruit illégitime...

— Allez-vous me dire combien !

— Combien d'bâtards ?... Y' avait qu'Zouzoune, bien sûr, puisqu'il a pas pensé à des autres. Il a fait faire des recherches par une agence, il a su qu'on était toutes les deux vivantes, et y nous a mises sus son testament, Zouzoune et moi.

— Combien ?... Combien ?... Combien ?

— Six... Six... sanglota Sophie, suffoquée par l'émotion.

— Six francs ?... Le salaud !

— Non... Six... Six mille...

— C'est tout de même mieux, mais c'est pas lourdement excessif, fit Bourbeux, soudain devenu gourmand.

— Attends donc ! glapit Zouzoune... Tu ne nous laisses le temps de rien dire... Il y a six mille francs de rente viagère pour maman, et le reste de la fortune pour moi, à ma majorité... Malgré les frais qui seront énormes, comme de juste, paraît qu'il me restera plus d'un million. Alors, c'est pas encore aujourd'hui que j'irai la perdre chez ta comtesse, ma vertu !

— Un million ! râla Casimir, le visage soudain violet, les yeux hors de la tête... Un million, nom de cent mille cuites !... Par combien d'apéritifs que ça se démombre numéralement, un mill... un mill... un mi...

Puis, comme s'il eût été culbuté, soudain, par le choc formidable de l'immense vague d'alcool que croyaient voir déjà ses yeux émerveillés, Casimir Bourbeux s'affaissa sur le trottoir, foudroyé par une congestion.

XII

Le docteur a déclaré qu'il n'y avait plus rien à faire. Et l'on ramène à son domicile le corps de Casimir, qui passe ainsi pour la première fois, sans entrer, devant le petit bar du coin.

C'est la journée aux événements, car il y a encore une lettre chez la concierge ! Pour Zouzoune, cette fois. Le cœur battant la charge, sans savoir pourquoi, la petite cherche tout d'abord la signature... Gaston !... Il ose lui écrire, le monstre!.. Avec une rapidité dont elle ne se fût pas crue capable, elle avale le texte, devinant les mots, les phrases, plutôt qu'elle ne les lit :

Ma Zouzoune adorée,

Il m'a été impossible de te donner plus tôt de mes nouvelles, mon père m'ayant soudain emmené à Londres, où il m'a tenu sous une étroite surveillance, pour m'empêcher de correspondre avec toi. Car je lui avais demandé l'autorisation de t'épouser. Mais j'ai un très grand malheur à t'apprendre, ma chérie : c'est que je suis le fils unique d'un gros commerçant plusieurs fois millionnaire, et non un petit employé sans le sou, comme je te l'avais dit afin d'être bien sûr que tu m'aimerais pour moi-même.

Mon père a eu l'atroce ironie de me répondre : « Je veux bien que tu épouses une petite couturière, à condition qu'elle ait un million de dot. » Puis il m'a emmené dare-dare, s'imaginant, l'insensé ! que je t'oublierais bientôt. Il vient enfin de repartir pour Paris, et je puis te donner de mes nouvelles.

Je t'aime plus fort que jamais, ma Zouzoune chérie, et je jure de n'être à nulle autre qu'à toi. S'il le faut, j'attendrai ma majorité pour faire à mon tyran de père des sommations respectueuses. Mais tu seras à moi, ma Zouzoune, si tu veux bien attendre, comme je t'en supplie, le retour du pauvre exilé qui ne songe qu'à toi.

Courage, patience et fidélité ! telle doit être notre devise. Ecris-moi par retour du courrier, à l'adresse ci-dessous, pour me dire que tu m'aimes toujours, que tu n'aimes que moi, et qu'il est donc inutile que je me jette dans la Tamise, comme je ne manquerais pas de le faire, si j'apprenais que ton cher petit cœur n'est plus à moi.

Je t'adore à jamais !

Gaston.

Magnifiquement sincère, Zouzoune pleurniche :

— Le chéri !... Je le savais bien, je n'en ai jamais douté un seul instant, que mon Gaston m'aimait toujours.

Puis, ayant galopé jusqu'au plus proche bureau de poste, elle expédie ce merveilleux, cet ébouriffant télégramme :

« *J'ai un million de dot, mon chéri. Marions-nous bien vite !* »

ÉPILOGUE

Huit jours ont passé. Ayant mis son chronomètre au clou pour payer le voyage, Gaston est revenu de Londres, tout seul, comme un homme. Il a présenté Zouzoune à ses parents, qui l'ont trouvée charmante, adorable, délicieuse. Car ils avaient eu, le matin même, une longue et rassurante entrevue avec le notaire de feu Alexandre Baliveau.

Les jeunes gens sont fiancés, et voici Gaston qui arrive chez Zouzoune, pour la première fois, afin de lui faire sa cour.

Ce n'est pas dans le petit taudis du sixième, vous pensez bien. Nouveau miracle qui prouve que Zouzoune est dans la passe de veine où tout vous réussit, un bel appartement s'est trouvé libre, tout meublé, dans la maison même, la locataire en titre ayant fini par avoir le dessous, comme il advient toujours, dans une lutte passionnée avec la bigornette, laquelle l'emmena reposer, tout comme ce pauvre Casimir, sous le territoire de Pantin.

Sophie et Zouzoune sont installées dans un salon presque cossu, en vraies rentières. Gaston arrive, portant une magnifique gerbe de fleurs. Joie, ivresse, chastes baisers. Sophie guigne le bouquet, hésite, puis finit par geindre :

— Qué dommage que ça doive pourrir ici, ce chouette truc-là... Ça ferait si bon effet sur la tombe de mon pauvre Casimir !

Le projet sous-entendu dans ces propos ne semble pas plaire follement à l'amoureux. Peut-être va-t-il protester, dire que ses fleurs sont pour Zouzoune, pour personne d'autre. Mais un vigoureux pinçon dans la cuisse lui intime le silence, cependant que Zouzoune s'écrie :

— Bonne idée, maman !... Cours bien vite les porter, ces belles fleurs, tandis qu'elles sont encore fraîches !

Sophie s'apprête à filer, doublement joyeuse. Car c'est en toute sincérité qu'elle ira fleurir la tombe de son pauvre défunt, qui n'était pas si méchant qu'on veut bien le dire, affirme la bonne âme. Et c'est non moins sincèrement qu'elle se réjouit de faire le voyage, — elle saura s'arranger pour ça — dans la bagnole d'un percepteur de tramway qui est bougrement costaud, et qui lui fait une cour pressante, depuis qu'on la sait veuve et rentière.

Aussi est-elle vite prête, pour ne pas rater la voiture qui lui permettra, en allant rendre ses devoirs à Casimir, de hâter l'avènement de son successeur.

Les moralistes les plus austères vous le diront : une vie bien ordonnée implique un sage équilibre entre les devoirs envers autrui et les devoirs envers soi-même.

Zouzoune, du reste, l'aide de son mieux, bien gentiment, à hâter son départ. Elle lui met son chapeau, l'embrasse, la pousse dehors, écoute son pas qui descend les marches, puis donne deux bons tours de clef, prudents et silencieux.

Les fiancés restent seuls, pour trois grandes heures au moins. Il est donc bien naturel qu'ils choisissent, ayant à s'asseoir si longtemps, le plus moelleux, le plus confortable des sièges qui s'offrent à eux. C'est un divan, vaste et profond. Sans s'être dit un mot, fait un signe, ils se dirigent vers lui, lentement, enlacés. Puis Gaston murmure quelque chose à l'oreille de Zouzoune. La petite répond, toute rose, toute pâmée déjà :

— Dans un frigorifique, alors !... Penses-tu, mon chéri, qu'on va la garder jusqu'au mariage, la vertu de Zouzoune !

Et ils tombent ensemble sur le divan... Sans se faire le moindre mal... Tant que ça dure...

FIN

1928. — Imprimerie de Fontenay-aux-Roses. — 37.883.

1928. — Imprimerie de Fontenay-aux-Roses. — 37.883.

www.ingramcontent.com/pod-product-compliance
Lightning Source LLC
LaVergne TN
LVHW050454160826
845677LV00003B/781

* 9 7 8 2 3 2 9 6 6 4 1 9 4 *